BEI GRIN MACHT SICH IHR WISSEN BEZAHLT

- Wir veröffentlichen Ihre Hausarbeit, Bachelor- und Masterarbeit

- Ihr eigenes eBook und Buch - weltweit in allen wichtigen Shops

- Verdienen Sie an jedem Verkauf

Jetzt bei www.GRIN.com hochladen und kostenlos publizieren

Bauer Gabriel

Verteilung und Gefährdung von Artenvielfalt in Deutschland und ihre Ursachen: Fauna

GRIN Verlag

Bibliografische Information der Deutschen Nationalbibliothek:

Die Deutsche Bibliothek verzeichnet diese Publikation in der Deutschen National-
bibliografie; detaillierte bibliografische Daten sind im Internet über http://dnb.d-
nb.de/ abrufbar.

Impressum:

Copyright © 2007 GRIN Verlag GmbH
Druck und Bindung: Books on Demand GmbH, Norderstedt Germany
ISBN: 978-3-640-36814-3

Dieses Buch bei GRIN:

http://www.grin.com/de/e-book/130949/verteilung-und-gefaehrdung-von-artenviel-
falt-in-deutschland-und-ihre-ursachen

Rheinische Friedrich-Wilhelms-Universität Bonn

WS 06/07

Oberseminar Biodiversität

Hausarbeit mit dem Thema:

Verteilung und Gefährdung von Artenvielfalt in Deutschland und ihre Ursachen: Fauna

Verfasser: Gabriel Bauer

Inhaltsverzeichnis

1. Einleitung

In dieser Arbeit soll die Artenvielfalt in Deutschland und ihre Verteilung untersucht werden. Dabei steht die Fauna im Mittelpunkt des Interesses. Des Weiteren werden Gefährdungen der heimischen Tierwelt und mögliche Ursachen aufgezeigt. Nach einer kurzen Einleitung soll zu Beginn der Begriff Artenvielfalt in seinem Zusammenhang richtig eingeordnet werden, da ein grundsätzliches Verständnis dieses Begriffes Voraussetzung für die weitere Diskussion darstellt. Anschließend wird neben einer Bestandsaufnahme der aktuell in Deutschland vertretenen Arten, bei der zwischen Protozoa und Metazoa unterschieden und weiter differenziert wird, auch auf Probleme bei der Ermittlung der einheimischen Artenzahlen eingegangen. Ein anschließender Vergleich mit den Nachbarländern Deutschlands soll verdeutlichen, dass die Vielfalt der heimischen Tierwelt als hoch eingestuft werden kann. Das nächste Kapitel untersucht exemplarisch zwei für die heimische Artenvielfalt wichtige Naturräume in Deutschland: die landwirtschaftlich geprägten Gebiete und die marinen Regionen. Dabei werden zunächst die Landwirtschaft und deren Folgen für die Artenvielfalt im Verlauf der letzten Jahrzehnte betrachtet. Hierbei gilt insbesondere dem Strukturwandel in der Landwirtschaft ein besonderes Augenmerk. Die Veränderungen im Artgefüge in den deutschen Küstengewässern, vor allem in der südlichen Nordsee, und deren Auswirkungen für die Artenvielfalt bildet den nächsten Schwerpunkt. Dabei werden auch die Folgen der Klimaerwärmung für die marine Fauna angesprochen. Abschließend beschäftigt sich diese Arbeit mit der Nationalen Strategie zur Biologischen Vielfalt, mit der die Bundesregierung versucht, den Verlust der Biologischen Vielfalt in Deutschland zu beenden.

Es sei an dieser Stelle noch erwähnt, dass es sich bei der Ausarbeitung zuweilen als sehr schwierig gestaltete, Literatur zu diesem Thema zu finden. An Informationen auf globaler Ebene gelangt man relativ leicht, besonders bei englischsprachigen Autoren. Spezielle Informationen über die Verhältnisse in Deutschland sind zu diesem Thema allerdings recht selten.

2. Erklärung der Begriffe

Der Begriff „Biologische Vielfalt" hat sich synonym zum Begriff der „Biodiversität" herausgebildet. Vor 1986 existierte das Wort „Biodiversität" – organismische Vielfalt im weitesten Sinne – allenfalls als eher zufällige sprachliche Kreation, ohne dass es direkt mit einer wissenschaftlichen Konzeption verbunden gewesen wäre. Das änderte sich 1988 mit der Veröffentlichung der Beiträge zu einem Diskussionsforum über die Bedeutung der Vielfalt des Lebens und ihrer Erhaltung unter dem Titel „BioDiversity". Seitdem gehört „Biodiversität" zu den am meisten benutzten jüngeren Wortschöpfungen überhaupt. E.O. Wilson (1997: 1) definierte den Terminus als Begriff für „alle erblich begründete Variation aller Ebenen der Organisation, von den Genen in einer einzigen lokalen Population oder Art zu den Arten, die eine ganze oder einen Teil einer lokalen Lebensgemeinschaft bilden, bis hin zu den Lebensgemeinschaften selbst, aus denen die lebenden Anteile der vielfältigen Ökosysteme auf der Erde zusammengesetzt sind". Hierbei wird die Aufteilung des Begriffs in die drei großen Aspekte der Biologischen Vielfalt ersichtlich: erstens die Erbanlagen oder Gene von Individuen, die die genetische Vielfalt innerhalb von Arten ausmachen, zweitens die Vielfalt an Ökosystemen, Ökosystemprozessen und Landschaften als Lebensräume und drittens die Artenvielfalt, die sich aus Individuen, Arten und anderen systematischen Einheiten zusammensetzt. Die Artenvielfalt wird also als ein Teilbereich der Biologischen Vielfalt verstanden. Zwar befasst sich diese Arbeit vorrangig mit der Artenvielfalt, jedoch lässt sich dieser Aspekt kaum isoliert betrachten, da es sich bei der Biologischen Vielfalt um ein sich gegenseitig beeinflussendes System handelt, wie im Folgenden ersichtlich wird.

3. Verteilung der Artenzahlen auf taxonomische Gruppen

Eine wichtige Grundlage für einen wirksamen Schutz der biologischen Vielfalt in einem Staat ist die Kenntnis von den dort vorkommenden Arten. Jedoch differiert im Bereich „Fauna" der derzeitige Kenntnisstand sehr stark zwischen den einzelnen Tierstämmen. Europa kann im Vergleich zu anderen Regionen der Erde die Fauna betreffend als sehr gut untersucht gelten. Trotzdem gibt es bisher kaum Übersichten über den gesamten Artenbestand in den einzelnen Ländern. Für Deutschland gibt es deshalb bisher nur Schätzwerte, da nicht für alle Stämme verwertbare Übersichten über die tatsächlich nachgewiesenen Arten vorliegen. Für Deutschland schätzt Arndt

(1941, 1942) ca. 40.000 Tierarten und Nowak (1982) gelangt auf ein Ergebnis von 45.000 Tierarten. Die Angaben von Nowak (1982) wurden später in aktualisierter Ausgabe auch in den "Daten zur Natur" übernommen, die das Bundesamt für Naturschutz (BfN) regelmäßig veröffentlicht. Um an aktuellere und aussagekräftigere Zahlen zum deutschen Artenbestand zu gelangen, hat das BfN für die Jahre 2003 und 2004 zwei Werkverträge vergeben. Diese sahen vor, zuerst anhand von Literaturrecherche eine Übersicht über Checklisten und verfügbare Faunen auf dem Gebiet der Bundesrepublik Deutschland zu erstellen. Im zweiten Schritt wurden die verfügbaren Checklisten und Faunen ausgewertet und eine Ermittlung der Artenzahlen durchgeführt, wobei die Zahlen nach Möglichkeit bis zum Familien-Niveau ermittelt werden sollten. Die Ergebnisse wurden in eine Datenbank übernommen und sind in zahlreichen Publikationen übernommen worden. Im Rahmen dieser Arbeit sollen nur einige Ergebnisse vorgestellt werden.

Alleine auf dem Gebiet der Bundesrepublik Deutschland und den marinen Küstenregionen wurden Vertreter von 33 Tierstämmen nachgewiesen (Systematik nach Westheide & Rieger 1996 und Remane et al. 2003). Davon entfallen 7 Stämme mit ca. 3.200 Arten auf Protozoa (Einzeller) und 26 Stämme mit 44.787 Arten auf Metazoa (Mehrzeller). Die für Deutschland ermittelte Zahl der vorkommenden Arten beträgt demnach ca. 48.000 (Völkl & Blick 2004).

3.1 Artenzahlen der Protozoa

Die exakte Gesamtzahl der ca. 3.200 Arten (Tab.1) der Protozoa lässt sich aufgrund von fehlender Faunenlisten und ungenügender Literatur über den Bestand in Deutschland nur schätzen (Völkl & Blick 2004). Manche dieser Schätzungen basieren auf Arbeiten aus den 1920er und 1930er Jahren und können nur teilweise mit Hilfe aktueller Literatur zu einzelnen Stämmen der Protozoa ergänzt werden. Aus diesem Grund könnte sich die Artenzahl der Protozoa für Deutschland nach Revisionen oder dem Erstellen von Faunen noch deutlich erhöhen oder verringern (Völkl & Blick 2004). So geht bereits Nowak (1982) von ca. 5.000 Arten der Protozoa für Deutschland aus.

Der artenreichste Stamm der Protozoa in Deutschland sind mit 1.500 Arten die Sarcomastigophora, die die Geißeltierchen mit ca. 600 Arten und die „Amöben" oder

„Wurzelfüßer" mit ca. 900 Arten zusammenfassen. Dicht dahinter folgen mit 1.400 Arten die Ciliophora, die die Wimpertierchen umfassen.

Tierstamm		geschätzte Artenzahl in Deutschland
wissensch. Name	deutscher Name	
Sarcomastigophora	Wurzelfüßer und Geißeltierchen	1500
Labyrinthomorpha	--	5
Apicomplexa	Sporentiere	212
Microspora	Kleinsporentiere	48
Myxozoa	Scheibensporentiere	30
Ascetospora	--	5
Ciliophora	Wimpertierchen	1400
geschätzte Artensumme		**3200**

Tab.1: In Deutschland vorkommende Stämme der Protozoa und geschätzte Artenzahlen

Quelle: Völkl & Blick 2004

3.2 Metazoa

Die Metazoa stellen mit 44.787 Arten (Tab.2) 93% der in Deutschland lebenden Fauna, im Gegensatz zu den Protozoa, die nur rund 7% ausmachen (Völkl & Blick 2004). Die Abbildung 1 ver-

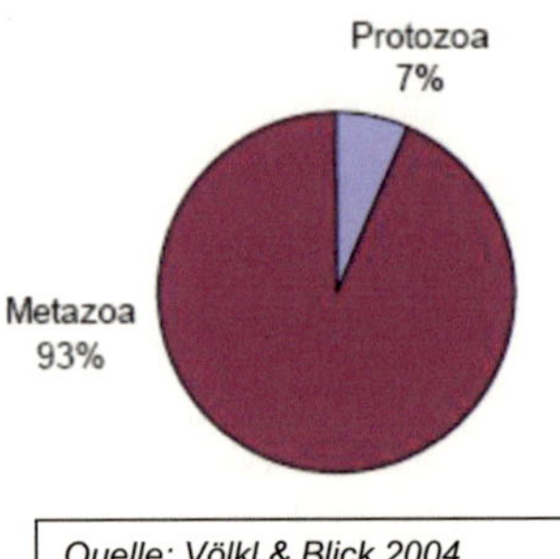

Quelle: Völkl & Blick 2004

Abb. 1: Verteilung Tierarten in Deutschland auf Protozoa und Metazoa

deutlicht dieses ungleiche Verhältnis grafisch (Abb.1). Die überragend hohe Anzahl der Metazoa ist darauf zurückzuführen, dass vor allem die Insekten eine riesige Artenvielfalt besitzen (Völkl & Blick 2004). Deutlich wird diese Tatsache auch, wenn man sich vor Augen führt, dass innerhalb der Metazoa die Arthropoda (Gliedertiere) mit ca. 38.400 Arten den größten Anteil stellen. Damit machen die Arthropoda, nach Völkl und Blick (2004), ca. 80% aller Tierarten in Deutschland aus. Allein der Unterstamm Hexapoda, zu dem auch die Insekten gehören, umfasst bereits 74,3% aller Arten (Abb.2).

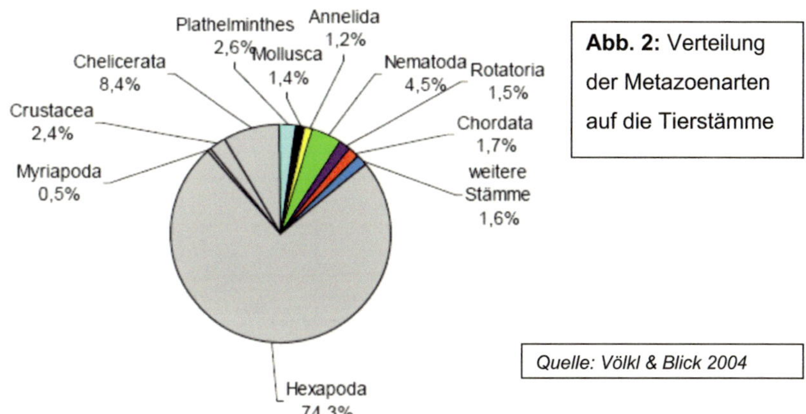

Abb. 2: Verteilung der Metazoenarten auf die Tierstämme

Quelle: Völkl & Blick 2004

In Deutschland sind die beiden artenreichsten Klassen der Vertebrata (Wirbeltiere) die Vögel mit 314 regelmäßig in Deutschland vorkommenden Arten und die Knochenfische mit 227 Arten (Abb.3). Die beiden Klassen machen etwa drei Viertel der Gesamtartenzahl an Wirbeltieren in Deutschland aus (Völkl & Blick 2004). Die Reptilien, die Amphibien und die Rundmäuler sind dagegen nur mit verhältnismäßig wenigen Arten vertreten und machen insgesamt nur 5,3% des Gesamtartenbestandes aus. Allerdings muss bei den Vögeln und Fischen berücksichtigt werden, dass sich darunter viele wandernde Arten befinden, die zwar regelmäßig in Deutschland auftreten, sich jedoch hier nicht fortpflanzen.

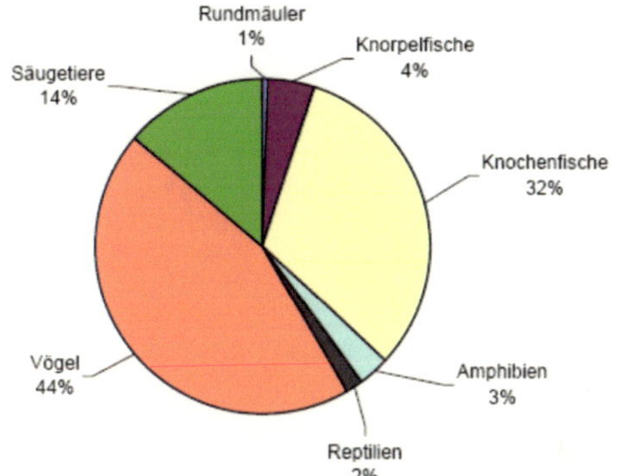

Quelle: Völkl & Blick 2004

Abb. 3: Verteilung der 703 Wirbeltierarten auf die sieben Klassen

Tierstamm		Artenzahlen	
wissensch. Name	**deutscher Name**		**in Deutschland**
Porifera	Schwämme		31
Cnidaria	Nesseltiere		121
Ctenophora	Rippenquallen		3
Plathelminthes	Plattwürmer		1170
Gnathostomulida	--		3
Nemertea	Schnurwürmer		46
Mollusca	Weichtiere		601
Sipuncula	Spritzwürmer		5
Kamptozoa	Kelchtiere		10
Echiura	Igelwürmer		1
Annelida	Ringelwürmer		518
Tardigrada	Bärtierchen		105
Arthropoda	Gliederfüßer		38371
Chelicerata	Spinnentiere	3783	
Crustacea	Krebse	1067	
Myriapoda	Tausendfüßler	216	
Hexapoda	Insekten	33305	
Gastrotricha	Bauchharlinge		120
Nematoda	Fadenwürmer		1997
Nematomorpha	Saitenwürmer		46
Rotatoria	Rädertiere		682
Acanthocephala	Kratzer		89
Kinorhyncha	--		21
Priapulida	Priapswürmer		2
Tentaculata	Kranzfühler		2
Bryozoa	Moostierchen		85
Chaetognatha	Pfeilwürmer		2
Hemichordata	Eichelwürmer		1
Echinodermata	Stachelhäuter		26
Chordata	Chordatiere		729
Tunicata	Manteltiere	25	
Acrania	Kieferlose	1	
Vertebrata	Wirbeltiere	703	
Cyclostomata	Rundmäuler	5	
Chondrichthyes	Knorpelfische	32	
Osteichthyes	Knochenfische	227	
Amphibia	Amphibien	21	
Reptilia	Reptilien	13	
Aves	Vögel	314	
Mammalia	Säugetiere	91	
Artenzahl gesamt			**44787**

Tab. 2: Übersicht der in Deutschland vorkommenden Stämme der Metazoa und die geschätzten Artenzahlen

3.2 Vergleich der Artenzahlen mit den Nachbarländer

Im Vergleich mit den Nachbarländern nimmt Deutschland eine relativ gute Position in Bezug auf die Artenvielfalt ein (Umweltbundesamt Österreich, 2005). Deutlich auf Platz eins liegt es zwar nur bei den Fischen und Amphibien. Dennoch reicht es bei den Säugetieren noch für Platz zwei und bei den Insekten für Platz drei. Angesichts der Position Deutschlands als hoch industrialisiertes und stark bevölkertes Land sind dies jedoch beeindruckende Zahlen (Abb.4). Ob diese Zahlen allein jedoch aussagekräftig genug sind, um die im ersten Satz erwähnte These zu bestätigen, ist kritisch zu betrachten. Denn die Landesfläche, die geographische Lage und das Klima sind hier in keinen Bezug zu den angegebenen Zahlen gesetzt worden. Ein kleines Land wie Liechtenstein beispielsweise weist verständlicherweise weniger Tierarten auf, als das viel größere Deutschland (BMU, 2003). Somit besitzt diese Abbildung wohl nur begrenzte Aussagekraft.

Artenzahlen zur Fauna						
Gebiet	**Säuger**	**Vögel**	**Reptilien**	**Amphibien**	**Fische**	**Insekten**
Deutschland	91	314	13	211	549	33305
Tschechien	81	227	12	19		
Slowakei	85	352	15	18	78	22600
Ungarn	83	371	15	16	81	41258
Slowenien	79	360	25	20	200	10130
Italien	126	250	58	38		
Liechtenstein	64	134	7	10		
Schweiz	83	386	15	20	51	22330
Belgien	73	179	7	16	172	17000
Norwegen	57	447	5	5	190	37000
Österreich	82	239	14	2	59	25000
Welt	4630	>9750	>8000	5000	>28000	>1000000

Abb. 4: Artenzahlen Deutschlands im Vergleich mit Nachbarländern

Quelle: Umweltbundesamt Österreich

4.1 Artenvielfalt und Landwirtschaft

Der Schutz der Artenvielfalt gestaltet sich in einigen Aspekten im dicht besiedelten Deutschland schwieriger als in Ländern, die nur dünn besiedelt sind, wie etwa den USA oder Kanada. Dies führt oft zu Nutzungskonflikten, da in Deutschland aufgrund der dichten Besiedelung und der intensiven Flächennutzung nur kleine und wenige Schutzgebiete ausgewiesen werden können (Eysel & Karrasch 2000). Die

Landwirtschaft als bei uns flächenstärkster Nutzer prägt immer noch ca. 50% der Landesfläche und trägt somit eine enorme Verantwortung für den Schutz der Artenvielfalt. Vor diesem Hintergrund wird deutlich, dass der Schutz der Artenvielfalt in Deutschland nur möglich wird, wenn die Landwirtschaft Ihren Teil dazu beiträgt (Eysel & Karrasch 2000).

In den letzten 150 Jahren wurde ein starker Rückgang der Artenvielfalt in deutschen Kulturlandschaften festgestellt (Eysel & Karrasch 2000). Die Ursachen dieser dramatischen Beobachtung kann man verstehen, wenn man sich die Entwicklung der Landwirtschaft in den letzten Jahrzehnten vor Augen führt.

Die extensive und traditionelle Landwirtschaft hat in der Vergangenheit die Vielfalt der Arten gefördert, denn die Felder wurden abwechslungsreich bewirtschaftet. Bevor die Flurbereinigungen durchgeführt wurden, gab es eine Vielzahl an Feldern, die flächenmäßig viel kleiner als heute waren und es existierten in den Übergangsbereichen zwischen den Feldern zahlreiche Kleinbiotope, die aus Büschen, Gräsern, Teichen und Sümpfen bestanden. Diese dienten den verschiedensten Tierarten als Lebensraum und Rückzugsgebiet. Auch der fehlende großflächige Einsatz landwirtschaftlicher Maschinen förderte das Bestehen dieser zahlreichen Kleinbiotope (Eysel & Karrasch 2000).

Mit dem in den letzten Jahrzehnten einsetzenden Industrialisierungsprozess in der deutschen Landwirtschaft, auch „Strukturwandel" genannt, von der traditionellen hin zu einer maschinengerechten Landbewirtschaftung, begann auch der Rückgang der Artenvielfalt. Landwirtschaftliche Maschinen ermöglichten eine Intensivierung der Produktion, die einher ging mit dem großflächigen Einsatz von Düngemitteln und Pestiziden. Durch die Flurbereinigung wurden die für die Fauna wichtigen Kleinstrukturen und Biotope beseitigt, Sümpfe zur Gewinnung neuer Anbauflächen trockengelegt und somit viele Lebensräume zerstört. Des Weiteren machten die flächen-mäßig meist gewachsenen Felder und die industriellen Anbaumethoden den Weg frei für Monokulturen, die aufgrund hoher Anfälligkeit gegenüber Krankheiten wiederum auf Düngemittel und Pestizide angewiesen sind. In neuerer Zeit stellt auch der Einsatz gentechnisch veränderter Organismen in der Landwirtschaft eine noch nicht ausreichend geklärte Bedrohung dar. Auch die indirekten Wirkungen der Landwirtschaft, wie Stickstoffemissionen oder Pestizidrückstände, sind in benachbarten Mooren, Seen und Flüssen nachgewiesen worden.

Bei der Suche nach einem Ausweg aus dieser folgenschweren Entwicklung kann die Lösung nicht in der Rückkehr zu den früheren Methoden bestehen. Die heutigen völlig veränderten Rahmenbedingungen der Wirtschaft und der Lebensgewohnheiten gegenüber zu früher machen dies unmöglich (Eysel & Karrasch 2000).

Eine Lösung könnte im Ökologischen Landbau bestehen. Er stellt eine Synthese aus Tradition und Moderne dar, die gleichzeitig Ernährungssicherung und Ökosystemschutz garantieren soll. Heute sind sich viele Experten darin einig, dass der Ökologische Landbau (auch Biologischer oder Organischer Landbau) die derzeit umweltverträglichste Form der Landnutzung darstellt. Einige vergleichende Arbeiten hinsichtlich der ökologischen Auswirkungen konventioneller und ökologischer Landwirtschaft zeigen deutliche Tendenzen. So heißt es bei Frei & Manhart (1992) bezüglich der „Kleintierfauna" in Kulturlandschaften: „Mehrfach höhere Vorkommen von Regenwürmern und verschiedenen Insektengruppen bei ökologischer Bewirtschaftung sind nachgewiesen (z.B. Käfer, Spinnen, Fliegen). Rösler & Weins 1997 kommen zu dem Ergebnis, dass auf ökologischen Flächen bis zu sechsfach höhere Anzahlen von Brutrevieren und bis zu achtfach höhere Populationsdichten zu finden sind. Auch die Bodenorganismen spielen eine zentrale Rolle bei der Bodenfruchtbarkeit. Dabei wurden in ökologisch bewirtschafteten Böden, verglichen mit konventionell bewirtschafteten Böden, entsprechend mehrfach höhere Dichten bei Mikro- und Mesofauna festgestellt (Hampl 1997, Mäder et al. 1996).

4.2 Artenvielfalt in Nord- und Ostsee

Die marine Diversität entzieht sich weitgehend der direkten Beobachtung. Deshalb müssen für deren Abschätzung Hilfsmittel verwendet werden, wie z.B. Netze, Reusen und Greifer. Der Einsatz dieser Geräte kann jedoch immer nur einen Ausschnitt des tatsächlich vorhandenen Artenspektrums beleuchten, und zwar genau den Ausschnitt, der für das jeweilige Fanggerät spezifisch ist. Somit kann das Gesamtartenspektrum im Untersuchungsgebiet nie vollständig erkannt werden. Daraus lässt sich schließen, dass es in Gebieten, in denen die oben genannten Fanggeräte aus technischen Gründen nicht zum Einsatz kommen können, wie beispielsweise in der Tiefsee, höchstwahrscheinlich eine Vielzahl von Arten gibt, die noch gar nicht bekannt sind (Dethlefsen & von Westernhagen 1996). Zudem werden Veränderungen der Artenvielfalt von Meeresfischen nicht systematisch untersucht, da das Hauptinteresse meist bei den kommerziell wichtigen Arten liegt. Das Verschwinden seltener Tierarten würde damit nicht oder nur zufällig auffallen.

Die Bedrohung der marinen Ökosysteme und Diversität ist sehr vielfältig. Hochindustrielle Fangflotten versuchen, der wachsenden Nachfrage nach Fisch und Meeresfrüchten nachzukommen und überfischen dabei ganze Regionen. Die Fischerei ist die stärkste anthropogene Beanspruchung des marinen Ökosystems. Die Industrie produziert tonnenweise Schadstoffe, die teilweise über die Flüsse ins Meer gelangen, Tanker verklappen Chemikalien und Ölreste auf offener See und führen zudem oftmals nicht endogene Arten im Ballastwasser mit sich (Dethlefsen & von Westernhagen 1996). Dies alles könnten anthropogene Ursachen für die massiven Veränderungen im Artgefüge der südlichen Nordsee sein, allerdings lassen sich diese Vermutungen bisher nicht eindeutig beweisen (Dethlefsen & von Westernhagen 1996).

Die Untersuchung der Klimaerwärmung liefert erstaunlich gesicherte Beispiele für Veränderungen. Das verstärkte Auftreten südlicher Fischarten in der Nordsee wird von Experten als Ergebnis einer langfristigen Erhöhung der Wassertemperatur interpretiert (Dethlefsen & von Westernhagen 1996). Bereits im Laufe der letzten 100 Jahre hat sich die Artenzusammensetzung von pelagischen Fischembryonen in der südlichen Nordsee in der Hinsicht verändert, dass dort heute 6 Arten gefunden werden, die sonst nur in südlicheren Gebieten auftreten. Auch die Laichzeiten pelagisch laichender Fischarten haben sich nach vorne verschoben. Insbesondere die Eier von mediterranen Arten werden heute ein bis zwei Monate früher angetroffen als noch vor 60 oder 90 Jahren. Dieser Trend wird sich bei anhaltender Klimaveränderung fortsetzen und zu weiteren massiven Verschiebungen innerhalb des Artgefüges führen (Dethlefsen & von Westernhagen 1996). Es gibt eine Reihe von wissenschaftlichen Abhandlungen, die sich mit den Veränderungen im Artgefüge der Meere befassen. Beispiele hierfür wären das Sondergutachten der WBGU (2006) oder von THE ROYAL SOCIETY (2005): Ocean acidification due to increasing atmospheric carbon dioxide. Policy Document 12/05.

Ein Beispiel für Fluktuationen bei Populationen in der Nordsee kann die Untersuchung des Zooplanktons liefern. Seit 1962 wird täglich die

Zusammensetzung des Phytoplanktons bei Helgoland untersucht. Von 1962 bis 1990 wurde ein Anstieg der gesamten Phytoplanktonbiomasse registriert. Dieser Anstieg wird durch eine drastische Zunahme kleiner Flagellaten verursacht, wobei größere Diatomeen, dies sind Arten, die bevorzugt von Fischlarven gefressen werden, deutlich an Häufigkeit abgenommen haben (Dethlefsen & von Westernhagen 1996). Dass diese Entwicklung problematisch für den Gesamtbestand der Fischarten sein wird, die sich ausschließlich von Zooplankton ernähren, gibt Anlass zur Besorgnis. Obwohl die Gesamtbiomasse an Phytoplankton im oben genannten Zeitraum zugenommen hat, verhält es sich beim Zooplankton gegensätzlich. In der Zeit von 1948 bis 1978 hat sich in der Nordsee die Zooplanktonbiomasse auf ein Drittel der Ausgangsmenge verringert. Danach nahm sie zwar wieder zu, jedoch ohne den Stand von 1948 wieder zu erreichen. Auch diese Entwicklung legt bei fortschreitender Abnahme die Prognose nahe, dass dadurch langfristig ein Nahrungsmangel unter den Fischembryonen in der südlichen Nordsee auftreten könnte (Dethlefsen & von Westernhagen 1996).

5. Die Nationale Strategie zur Biologischen Vielfalt

Von den 48.000 einheimischen Tierarten Deutschlands gelten mehr als ein Drittel als bestandsgefährdet. Für die hier vorkommenden Lebensräume trifft dies sogar für mehr als zwei Drittel zu. Da Deutschland damit einen der vordersten Plätze in der Gefährdungsstatistik belegt, wurde eine Strategie entwickelt, um einen bevorstehenden Artenschwund hierzulande zu vermeiden.

Das Bundesumweltministerium (BMU) hat im September 2005 einen Katalog mit konkreten Zielen und Maßnahmen vorgelegt, um den Verlust an Biologischer Vielfalt in Deutschland zu beenden. Diese „Nationale Strategie zur Biologischen Vielfalt" soll ein schlüssiges Gesamtkonzept für den Naturschutz darstellen und festlegen, wie die Naturnutzung in Deutschland in der Zukunft aussehen soll. Darin bekennt sich Deutschland international dazu, den Verlust an Biologischer Vielfalt bis zum Jahr 2010 stoppen zu wollen. Dabei steht unser Land vor der Aufgabe, unter den Bedingungen einer modernen Industriegesellschaft die Vielfalt der Arten und Naturräume zu erhalten, diese aber gleichzeitig optimal zu nutzen. Ein konkretes Ziel der Strategie sieht vor, bis 2020 den Bestand an Wäldern mit natürlicher

Waldentwicklung von derzeit ca. 2 auf 5 Prozent zu erhöhen. Bei der Neuanpflanzung von Wäldern sollen dabei möglichst nur standortheimische Baumarten verwendet werden. Weiterhin soll sichergestellt werden, dass sich unsere Wälder dauerhaft unbeeinträchtigt von gentechnisch veränderten Organismen entwickeln können. Ein anderer Punkt schlägt vor, bis zum Jahr 2010 die forstwirtschaftlichen Vorgaben für die Bewirtschaftung von deutschen Wäldern weiterzuentwickeln und zu konkretisieren. Man rechnet mit einer Umsetzung dieser Vorgaben in die Praxis bis zum Jahr 2015.

Bei der Umsetzung dieser Vorgaben sollen Staat und auch Gesellschaft ihren Beitrag leisten. Aus diesem Grund wurde großer Wert darauf gelegt, bereits bei der Ausarbeitung der Strategie die Wissenschaft und die Politik mit einzubeziehen.

6. Fazit

Die vorliegenden und größtenteils gesicherten Aussagen über Artenzahlen und Artenvielfalt der Protozoa und Metazoa machen deutlich, dass Deutschland im Vergleich mit anderen Ländern noch eine hohe Biodiversität aufweist (Umweltbundesamt Österreich, 2005).

Insbesondere die Landwirtschaft mit ihren Kulturlandschaften trägt einen beachtlichen Teil dazu bei. Daneben bilden Waldflächen, Seen und Schutzgebiete weitere wichtige Lebensräume, die in dieser Arbeit nur am Rande angesprochen wurden. Eine tiefer gehende Untersuchung dieser Lebensräume würde den Rahmen einer Hausarbeit sprengen. Einige Ämter bieten hierzu jedoch neuere Statistiken und Grafiken, die in anderen Arbeiten sicherlich gute Verwendung finden könnten. So finden sich zum Beispiel beim Statistischen Bundesamt sowie beim Bundesamt für Naturschutz aktuelle Grafiken zur Entwicklung der Flächennutzung in Deutschland oder zur Verteilung der Wälder oder der Siedlungs- und Verkehrsfläche. Zum Thema Wälder im Zusammenhang mit Biodiversität erschien ein Artikel von SCHULER R. (2005): Verbuschung – Der Wald erobert Kulturland zurück. Umwelt 3/2005: 30-31, ISSN 1424-7186.

Gefahren für die Artenvielfalt, die die in dieser Arbeit behandelten Kulturlandschaften als Lebensraum besiedeln, bestehen in der Intensivierung der Landwirtschaft und der Zerstörung noch existierender Kleinbiotope zur Gewinnung von neuen Anbauflächen.

Die deutschen Meeresregionen beherbergen viele Arten, von Fischen über das Plankton bis hin zur Mikrofauna der Wattküsten. Vor allem die südliche Nordsee mit ihren Fischkinderstuben spielt eine große Rolle für den marinen Lebensraum der gesamten Nordsee und Teilen des Ostatlantiks. Die Ostsee bietet vielen Arten im nährstoffreichen Wasser der Boddenküsten ein ideales Umfeld. Allerdings bleibt auch der Bereich der Meere nicht verschont von Veränderungen. Anthropogene Einflüsse und die Klimaveränderung sind Ursachen für das Verschwinden oder Erscheinen von Arten. Problematisch werden die Änderungen, wenn eine Art, auf die manche Arten angewiesen sind, deutlich an Biomasse abnimmt. Dies ist beispielsweise beim Zooplankton der Fall.

Auf die vielfältigen Veränderungen und Bedrohungen der Artenvielfalt hat Deutschland mit Konzepten reagiert, die weiteren Verlust an Biologischer Vielfalt beenden sollen. Das Bundesministerium für Umweltschutz, das Bundesamt für Naturschutz und Teile der Wirtschaft arbeiten zusammen, um dieses Ziel zu erreichen. Zahlreiche Programme, die gemeinsam von Wirtschaft und Staat getragen werden, suchen hierzulande nach Möglichkeiten, um die Biologische Vielfalt für die Zukunft zu sichern. Und letztlich verbessern wir damit auch unsere eigene Lebensqualität.

7. Literaturverzeichnis:

VÖLKL & BLICK (2004): Die quantitative Erfassung der Fauna von Deutschland. Im Auftrag des Bfn (März 2004), Bonn.

STEPHAN, T. (2005): Natur in Deutschland: Artenvielfalt zwischen Nordsee und Alpen. Geo-Bildband. Verlag Gruner & Jahr.

SCHULZ, J. (2002): Die Ökozonen der Erde, 3. Auflage. Ulmer UTB 1514.

EYSEL, G. & H. KARRASCH (2000): Der Beitrag des ökologischen Landbaus zum Schutz der biologischen Vielfalt. In: Heidelberger Tag der Artenvielfalt (in Druck), Heidelberg.

DETHLEFSEN, V. & VON WESTERNHAGEN, H. & P. CAMERON (1996): Malformations in North Sea pelagic fish embryos during the period 1984-1995. ICES Journal of Marine Science 53, 1024-1035.

BUNDESAMT FÜR NATURSCHUTZ (idw: Informationsdienst Wissenschaft): Rückgang der Artenvielfalt soll weltweit bis 2010 deutlich reduziert werden. Pressemitteilung vom 18.08.2004, Abrufbar unter: http://www.bfn.de/pm_40_2004.html (Stand: 10.11.2006)

BfN-SKRIPTE 131 (2005): Biodiversität und Klima - Vernetzung der Akteure in Deutschland. Abrufbar unter: http://www.bfn.de/0502_international.html (Stand: 10.11.2006)

BUNDESMINISTERIUM FÜR UMWELTSCHUTZ: Umweltdaten Deutschland Online (Online-Katalog), Abrufbar unter: www.bmu.de (Stand: 10.11.2006)